Richard Geigel

Die Mechanik der Blutversorgung des Gehirns

Richard Geigel

Die Mechanik der Blutversorgung des Gehirns

ISBN/EAN: 9783743403666

Hergestellt in Europa, USA, Kanada, Australien, Japan

Cover: Foto ©berggeist007 / pixelio.de

Manufactured and distributed by brebook publishing software
(www.brebook.com)

Richard Geigel

Die Mechanik der Blutversorgung des Gehirns

DIE MECHANIK

DER

BLUTVERSORGUNG

DES GEHIRNS.

EINE STUDIE

VON

DR. RICHARD GEIGEL,

PRIVATDOCENT IN WÜRZBURG.

———◦◁◆▷◦———

STUTTGART.

VERLAG VON FERDINAND ENKE.

1890.

Druck von Gebrüder Kröner in Stuttgart.

Die zur Arbeit der lebenden Gehirnzellen nöthigen Ingredienzien des Stoffwechsels müssen jederzeit in genügender Menge durch den arteriellen Blutstrom ihnen zugetragen, die dabei gebildeten Endproducte immer wieder durch den venösen Theil des Blutlaufes weggeführt werden. Wird eines von beiden durch irgend welchen pathologischen Process benachtheiligt, so leidet entweder die Gehirnsubstanz Hunger im weitesten Sinn des Wortes, oder wird mit den schädlichen Endproducten ihrer eigenen Thätigkeit vergiftet. Beide Momente erscheinen geeignet, die Thätigkeit der Hirnzellen nachtheilig zu beeinflussen. Dass die lebende Hirnmasse Sauerstoff verbraucht und Kohlensäure bildet, geht schon ohne Weiteres aus der Thatsache hervor, dass der oxyhämoglobinhaltige Inhalt der Schlagader des Gehirns seines Sauerstoffs beraubt und dunkel gefärbt durch die Venen das Cavum cranii verlässt. Der zur Bildung der Kohlensäure gelieferte Kohlenstoff, mag er aus der Gehirnsubstanz oder aus dem in den Gefässen kreisenden Plasma stammen, kann nur unter Abspaltung anderweitiger Endproducte des Stoffwechsels verfügbar geworden sein. Es muss also auch an solchen das Blut der Hirnvenen sich jedenfalls reicher erweisen als das der zuführenden Arterien, obwohl meines Wissens über diesen Punct, speciell über den Harnstoffgehalt der Gehirnvenen Untersuchungen bis jetzt nicht angestellt worden sind. Gleichviel aber, ob im Vergleich mit den übrigen Organen im Gehirn im nämlichen, geringeren oder grösseren

Maassstab solche Umsetzungen, speciell der Zerfall der Eiweiss-
körper stattfindet, so kommt dieser Theil des Stoffwechsels für
die Intactheit der Gehirnzellen doch erst in viel geringerem
Maasse in Betracht gegenüber der Menge des gelieferten Sauerstoffs und der abgeführten Kohlensäure. Das geht schon aus
der einfachen Thatsache hervor, dass bei vollständiger Ver-
legung der harnabführenden Wege der Tod durch Urämie doch
erst nach einigen Tagen erfolgt, während bei behindertem Gas-
austausch, beispielsweise bei Inhalation von reiner Kohlensäure
oder von Wasserstoff in kürzester Frist, schon in Minuten, das
Ende durch Erstickung der lebenswichtigen Centren eintritt,
nachdem fast unmittelbar auf den Eingriff die viel empfindlicheren Theile der Grosshirnrinde mit schweren Erscheinungen,
Convulsionen, Coma geantwortet haben.

Man wird demnach die Krankheitserscheinungen, die im
Gehirn bei Circulationsstörungen irgend welcher Art ausgelöst
werden, mit Fug und Recht als bedingt ansehen dürfen durch
Sauerstoffmangel und Kohlensäureintoxication, welche Momente
viel früher den Tod herbeiführen, als die Symptome der sonstigen
Störungen im Stoffwechsel, die ja sicher mitunterlaufen, sich
bemerkbar machen können. Letztere kommen vielmehr dann
zur Beobachtung, wenn bei sonst normaler Circulation die Aus-
fuhr der gebildeten nicht gasförmigen Endproducte beispielsweise durch eine Nephritis nothgelitten hat. Es könnte nur
noch an einen zu geringen Nährwerth des arteriellen Blutes ge-
dacht werden, wodurch eventuell bei sonst normaler Circulation
die Gehirnsubstanz in Hungerzustand versetzt würde. Immer
läuft aber in solchen Zuständen, so bei Blutverlusten, chronischen Krankheitsprocessen des Verdauungstractus, Kachexien
aller Art immer auch eine gleichzeitige Verarmung des Blutes
an dem Träger des Sauerstoffes, an Hämoglobin mitunter und
der Sauerstoffmangel des Gehirns beherrscht demnach das Krankheitsbild. In der That decken sich auch die bei solchen Zu-

ständen auftretenden Gehirnsymptome. Kopfweh, Schwindel.
Ohrensausen, Uebelsein, Flimmern vor den Augen, Funken-
schen u. s. w. vollständig mit denen, welche durch einseitige
Verminderung des Hämoglobingehalts des Blutes oder durch
Sauerstoffmangel desselben herbeigeführt werden.
Damit eine normale Versorgung des Gehirns mit Sauerstoff vor sich geht, ist es nothwendig, dass das Blut eine hinreichende Menge von Hämoglobin, dem Träger des Sauerstoffs.
besitzt, dass ferner die Menge des die Hirncapillaren in der
Zeiteinheit durchströmenden Blutes eine entsprechende ist. sowie, dass der Gaswechsel in den Lungen sich ungestört vollzieht. Ob irgend einer dieser drei Factoren gestört wird.
immer wird der gleiche Zustand im Gehirn, nämlich Sauer-
stoffhunger entstehen und die gleichen Symptome werden daraus resultiren müssen. Freilich scheinen letztere häufig genug desswegen different zu sein, weil bei ganz allmälig sich
entwickelndem und steigendem Sauerstoffmangel im Gehirn
letzteres sich an diesen chronisch werdenden Zustand allgemach
gewöhnen kann und eventuell bei einem Ausfall von Sauerstoffzufuhr nur mit dem Symptom der Dyspnoe reagirt. bei
welchem, träte er acut ein, sehr schwere Erscheinungen. Be-
wusstlosigkeit u. s. w. sich geltend machen müssten. Diese
Fähigkeit, allmälig Schädlichkeiten sich zu adaptiren und mit
ihnen sich noch zurechtzufinden, gehört zu den Cardinal-
eigenschaften der Hirnsubstanz. Ihr begegnen wir ausserordentlich häufig auf dem Gebiet consumirender Krankheiten.
Es kann beispielsweise bei Leukämischen, bei Krebskranken.
bei einem nicht mehr compensirten Herzfehler oder bei fast
vollständiger Zerstörung beider Lungen durch phthisische Pro-
cesse das Leben und Bewusstsein immer noch geraume Zeit
erhalten bleiben. während eine gleich starke plötzliche Beein-
trächtigung der Sauerstoffzufuhr zum Gehirn, bedingt durch Blutverlust. Compression der Carotiden oder des Larynx. die aller-

schwersten Erscheinungen. Convulsionen, Coma, ja den Tod nothwendig herbeiführen müssten. Es gestalten sich also je nach dem rascheren oder langsameren Einsetzen der Schädlichkeit die Symptome des Sauerstoffmangels (der Anoxygenie, wie wir der Kürze halber den gestörten Oxydationsprocess durch verminderte Sauerstoffzu- oder Kohlensäureabfuhr heissen wollen) verschieden. Sie sind im Uebrigen bekannt genug:

Bei der acuten Anoxygenie kommt es zu Unbehagen. Uebelsein, Erbrechen. Schwindel, Ohrensausen. Kopfweh, Flimmern vor den Augen, Funkensehen. Verdunklung des Gesichtsfeldes, die Haut, besonders des Gesichts, wird leichenblass und kühl, mit klebrigem Schweiss bedeckt, die Nase wird spitz, der Puls klein, unfühlbar, das Bewusstsein schwindet, um eventuell nicht wieder zu kehren. Convulsionen können dem Ende voran gegangen sein.

Bei der chronischen Anoxygenie kann Schwächegefühl, Unlust zur Arbeit, leichte Ermüdbarkeit, besonders bei geistiger Anstrengung, Kopfweh, Schwindel, Flimmern vor den Augen u. s. w. vorhanden sein oder nur durch vermehrte Anforderungen an die Gehirnthätigkeit oder acute Verschlimmerung des Zustandes, beispielsweise beim Aufrichten aus der horizontalen Lage, beim Verlassen des Bettes hervorgerufen werden. Oft wird durch solche Gelegenheitsursachen dabei das volle Bild der acuten schweren, ja tödtlichen Anoxygenia cerebri hervorgerufen, wie zahlreiche Beobachtungen bei Blutarmen, bei Reconvalescenten nach schwerer Krankheit zur Genüge gelehrt haben.

Von den drei Momenten nun, welche Anoxygenie des Gehirns herbeiführen können: veränderte Blutbeschaffenheit. Störung der Circulation und behinderte Respiration, erscheinen das erste und dritte bereits in ihrem mechanischen Entstehen und Wirken hinreichend geklärt.

Die Verhältnisse der Circulation dagegen sind, soviel ich

sehe, trotz vieler diesbezüglicher Arbeiten in ihrer Beziehung
zur richtigen Versorgung des Gehirns mit Sauerstoff noch durchaus nicht richtig klar gelegt. Es ist Zweck dieser Zeilen, die
mechanischen Bedingungen, unter denen sich der Blutkreislauf
im Gehirn vollzieht, sowie die Störungen desselben unter pathologischen Bedingungen zu studiren. Dabei haben wir ausschliesslich stets die Frage uns vorzuhalten, ob durch diesen
oder jenen Factor die Blutversorgung des Gehirns nothleiden oder über die Norm gesteigert werde, nicht aber, ob sich
der Zustand im Gehirn entwickelt, den die pathologischen
Anatomen Anaemia oder Hyperaemia cerebri benennen.
Es kann offenbar bei geringer Blutmenge im Gehirn diese in so
rascher Bewegung sich befinden, dass vollkommen genügende
Zufuhr von Sauerstoff resultirt, während strotzende Blutfülle im
Cavum cranii, beispielsweise bedingt durch venöse Stauung,
den Gehirnzellen bei der statthabenden Stagnation so wenig
Sauerstoff zuführen könnte, dass Erstickung erfolgen müsste.

Wir wollen die Durchfluthung des Gehirns, welche bei
sonst normalen Verhältnissen (genügendem Sauerstoffgehalt des
Bluts) eine hinreichende Versorgung der Hirnzellen mit Sauerstoff garantirt, mit dem Namen der Eudiämorrhysis cerebri
bezeichnen.

Indem wir zunächst noch die Frage offen lassen, ob dieser
Zustand wirklich nach der positiven wie nach der negativen
Seite hin einer Aenderung fähig ist, respective ob beide Veränderungen pathologischer Natur sind, wollen wir noch prä-
sumptiv die Bezeichnungen Hyper- und Adiämorrhysis
cerebri einführen.

Alles, was den venösen Rückfluss des Blutes aus der
Schädelhöhle beeinträchtigt. muss nothwendig Adiämorrhysis
cerebri bedingen, obwohl dabei geradezu beträchtliche (venöse)
Hyperämie des Gehirns post mortem aufgefunden wird. Es
sind ausschliesslich die Venae jugulares, welche für den Ab-

fluss des Blutes aus dem Gehirn zur Verfügung stehen. Compression dieser Venen durch äussere Gewalt oder Tumoren im Hals, etwa eine Struma, kann demnach eventuell eine Adiämorrhysis des Gehirns bedingen, Druck auf die Venae anonymae oder die Cava superior wird sich im gleichen Sinn bemerklich machen, bei ersteren wird einseitige Verengerung wegen der bestehenden Anastomosen leichter ertragen. Eine Stauung, welche die gesammten Venen des Körpers betrifft, etwa bedingt durch Lungenemphysem, Lungenschrumpfung, uncompensirte Herzfehler, besonders aber durch Insufficienz der Tricuspidalis, wird auf dem Gebiet der oberen Hohlvenen mit ihren Aesten, den Jugulares. die Symptome schlechter Durchfluthung des Gehirns herbeiführen müssen. Die Entleerung des Blutes aus diesem Gebiet ins rechte Herz ist ferner abhängig von dem im Thorax herrschenden Druck. Letzterer wechselt bekanntlich bei jeder Respiration. Während der Inspiration wird der Inhalt der peripheren Venen in das Cavum thoracis. wo Minusdruck herrscht, aspirirt. während der Exspiration erfolgt eine Stauung gegen die Venen, deren weiterer Fortleitung nur der in den Venen angebrachte Klappenapparat entgegensteht. Immerhin muss aber. auch wenn dieser vollständig gut functionirt. nicht etwa wie bei Tricuspidalinsufficienz gleichfalls insufficient geworden ist, die Entleerung der Venen während der Exspirationsphase nothleiden, ja geradezu sistirt werden. wenn wie beim Singen, Schreien, Pressen der intrathoracale Druck sich bedeutend erhöht. Denn in den Venen des Halses herrscht stets ein verhältnissmässig niederer Druck: steigt der intrathoracale Druck über diese Grösse, so muss nach den Gesetzen der Hydrostatik geradezu ein rückläufiger Strom in die Venen hinauf entstehen, der sein Ende nur an der ersten Klappe finden kann, die noch schliesst. An dieser Klappe endet der normale Venenstrom, weil er den auf der herzwärts gelegenen Seite lastenden höheren Druck nicht zu überwinden vermag. So sehen wir denn auch bei ganz gesunden Leuten, bei heftigem Husten, Pressen beim Stuhlgang u. dergl., Symptome auftreten, welche wie Funkensehen, Verdunklung des Gesichtsfelds, Schwindel, Kopfschmerz nichts anderes darstellen, als erste Erscheinungen von Adiämorrhysis cerebri.

Im Allgemeinen aber wird durch eine normal vor sich gehende Respiration der venöse Abfluss nach dem Herzen, nach allgemeiner Annahme, mehr gefördert als gehemmt. Wenn also die Athmungsexcursionen überhaupt geringer ausfallen, so kommt dadurch ein — recht mächtiges — Hülfsmittel für die Durchfluthung des Gehirns in Wegfall und Symptome der Adiämorrhysis cerebri können sich einstellen. Ob diese Symptome wirklich in die Erscheinung treten, hängt hier wieder nicht nur von dem Grad der Störung ab. sondern besonders auch von der Schnelligkeit, mit welcher sie sich entwickeln. An sehr beträchtliche Grade von Anoxygenie kann sich das Gehirn allgemach gewöhnen, wenn die Störungen nur allmälig eintreten und langsam nur sich steigern.

Wenn durch Veränderungen auf dem Gebiet der Hirnvenen in irgend einer hier erwähnten Weise Adiämorrhysis cerebri hervorgerufen wird. so geschieht dies durch vermehrten Widerstand, der sich dem Blutstrom entgegensetzt. Der letztere bewegt sich offenbar ceteris paribus um so rascher, je grösser die Differenz zwischen arteriellem und venösem Blutdruck ist. Alles, was den letzteren einseitig erhöht, muss zu einer geringeren Differenz, also zu verminderter Geschwindigkeit des Blutstromes führen. Es wird aber in der That beim Steigen des intrathoracalen Drucks, etwa bei anhaltendem Pressen, der venöse Druck gar nicht einseitig erhöht, den gleichen Zuwachs erfährt vielmehr auch der arterielle Druck, da auch die Aorta sich im Thorax befindet und dem dort herrschenden Druck ausgesetzt ist. Bezeichnet man den Druck in der Aorta mit D, den in den Hohlvenen herrschenden mit d, so wird die Differenz D—d, welche ausschliesslich maassgebend ist für die Stärke des Kreislaufs, die Diämorrhysis aller Organe, also auch für die des Gehirns, offenbar nicht geändert, wenn sowohl D als d einen gleichen Zuwachs etwa $= x$ erfahren. Diesen Zuwachs erfahren aber beide Druckwerthe, wenn der intrathoracale Druck sich um x vergrössert. Es muss also die periphere Stauung, speciell die Adiämorrhysis cerebri, die doch augenscheinlich bei heftigem Exspirationsdruck und geschlossener Glottis beobachtet wird, noch auf andere mechanische Weise erklärt werden können. Diese Erklärung hält auch meines Erachtens nicht schwer.

Wenn der Druck im Thorax steigt, so wird das Blut aus dem arteriellen Herzen mit so viel mehr Leichtigkeit ausgetrieben, als es schwerer in den Thorax und den rechten Vorhof eintreten kann; hierdurch also wird eine Circulationsstörung nicht bewirkt, weil arterieller und venöser Theil, der eine im günstigen, der andere im ungünstigen Sinn, beide aber im übrigen in vollkommen gleichem Maasse beeinflusst werden. Es muss aber der gesteigerte intrathoracale Druck in noch einem Sinn auf den arteriellen und venösen Theil des Herzens, respective Aorta und Hohlvenen einwirken, welche Einwirkung nicht von gleichem Effect begleitet sein kann, ich meine die Compression der Aorta und der Hohlvenen, welche durch erhöhten, darauf lastenden Druck nothwendig erfolgen muss. Steigt, wie das beim heftigen Pressen der Fall ist, der Druck im Thorax um etwa 100 mm Hg, so wird dadurch das Lumen der Aorta, in der ein Druck von circa 200 mm Hg herrscht, nicht sonderlich verengt werden und die hierdurch allerdings für die Circulation auftretenden neuen Widerstände können wohl belanglos sein. Von viel grösserer Bedeutung aber muss sich die Compression der Hohlvenen erweisen, in denen ein viel zu geringer Druck besteht, als dass er dem

übermächtigen auf dem Gefäss lastenden Druck von 100 mm Hg
Widerstand leisten könnte. Ja man muss sich eigentlich wundern, warum unter solchen Umständen nicht die Hohlvenen
platt gedrückt werden, das Herz kein Blut mehr bekommt, der
Puls verschwindet und der Exitus letalis eintritt. Immerhin er-
fordert die Theorie, dass bei steigendem intrathoracalen Druck
wegen der Compression der Hohlvenen das Herz weniger Blut
bekommt, also auch weniger nach der Peripherie abgeben kann,
dass der Puls kleiner wird und hieraus sich die Erscheinungen
der beobachteten Adiämorrhysis des Gehirns sowie der anderen
Organe ableiten lassen. Hiermit stimmt sehr wohl eine Beobachtung überein, die ich, um diese ja schon untersuchten Verhältnisse zu prüfen, an meinem eigenen Radialpuls angestellt habe.

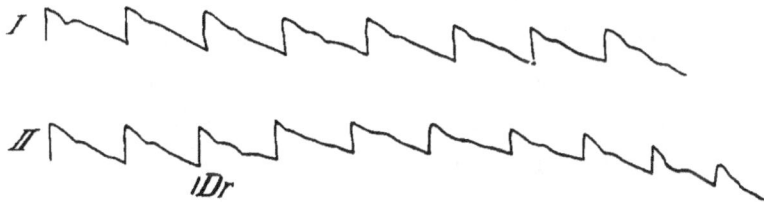

Der Versuch wurde begonnen, während ich mich bemühte,
bei offener Glottis durch antagonistische Action meiner In-
und Exspirationsmuskeln völliges Gleichgewicht zu erzielen und
zu erhalten, was Jedem mit geringer Uebung schon leicht gelingt.
In dem Zeitabschnitt, der auf der Curve mit einer Marke
versehen ist, wurde die Glottis plötzlich geschlossen und durch
heftige Exspirationsbewegung der intrathoracale Druck mög-
lichst gesteigert und hoch gehalten. Wie die Curve zeigt,
steigt durch diese Procedur der Blutdruck, die ganze Curve
hebt sich, weil das Blut aus dem Thorax in die Extremität
gepresst wird. Bald aber, schon nach wenigen Contractionen
des Ventrikels, nimmt die Höhe der einzelnen Pulswellen bedeutend ab. Es erhält eben jetzt der linke Ventrikel aus dem

oben ausgeführten Grunde nur mehr wenig Blut von den Venen
her, kann also das arterielle System nur unzureichend speisen.
Folge davon muss eine sich nach und nach geltend machende
Wiederabnahme des arteriellen Blutdruckes sein, die in der
That im letzten Theil der Curve II ihren Ausdruck findet.
Curve I wurde nur zur Controle aufgenommen, während nicht
gepresst, sondern vielmehr sorgfältiges Gleichgewicht der In-
und Exspirationsmuskeln während des ganzen Versuches bei-
behalten wurde. Diese Curve zeigt gleiche Höhe des Blut-
drucks und der Pulswellen. Es lässt sich leicht absehen, dass
in infinitum fort erhöhter intrathoracaler Druck endlich alles
Blut aus dem Thorax hinaus in die Peripherie pressen müsste.
Dortselbst müsste es in Stase gerathen, nachdem es sich den
Raumverhältnissen gemäss besonders in den Venen angesammelt
hat. Man darf sich nur wundern, dass Solches und damit das Verschwinden des Pulses, die schwersten Erscheinungen von Sei-
ten des Gehirns, nicht ohne Weiteres schleunigst eintritt. Es
kann dies meines Erachtens nur durch den Umstand erklärt
werden, dass beim Pressen nicht nur der Thorax, sondern in
stärkerem Maasse auch die Bauchhöhle unter den erhöhten Druck
versetzt wird. Dieser Druck ist jedenfalls gleich dem intrathoracalen Druck plus Spannung des Zwerchfells, sonst könnte
dieses beim Pressen nicht ruhig stehen, es müsste, wenn der
intraabdominale Druck kleiner wäre, nach unten, im entgegengesetzten Fall sich nach oben begeben. Die starke Erhöhung des
intrathoracalen Drucks wird ja schliesslich hauptsächlich durch
die Wirkung der Bauchpresse bewirkt und die hiedurch zu
Stande kommende Erhöhung des intraabdominalen Drucks treibt
das Zwerchfell so lang nach oben, bis auch im Thorax der um
die Zwerchfellspannung kleinere Druck herrscht. Der in der
Bauchhöhle herrschende Druck muss sich nun nothwendiger-
weise auch auf die Vena cava inferior fortsetzen, wenn in
dieser aber ein Druck höher als der intrathoracale besteht, so

wird dieses Gefäss natürlich nicht comprimirt werden können.
Die Cava inferior vermag also auch bei heftigstem Pressen dem
Herzen immer noch Blut zuzuführen und ihr Reservoir in den
Gefässen der Bauchhöhle ist gross genug, um sie lange Zeit
zu speisen, länger als ein Mensch es vermag, den Athem an-
zuhalten. Dagegen befindet sich die Cava superior durchaus
nicht in der nämlichen günstigen Lage und in der That sehen
wir gerade auf ihrem Gebiet die Symptome der Stauung
bei heftigem Pressen zuerst und besonders deutlich aus-
gesprochen.

Für die Eudiämorrhysis cerebri kommt ausschliesslich die
Blutmenge in Betracht, welche in der Zeiteinheit die Capillaren
des Gehirns durchströmt. Diese Menge ist aber nicht nur abhängig von dem Widerstand, der sich dem Blutstrom in den
Venen entgegensetzt, sowie von der Grösse des arteriellen Drucks,
sondern auch ganz besonders von dem Widerstand, den er in
den Capillaren selbst erfährt. Denn hier und zwar im arteriellen
Theil des Capillarsystems ist nach Fick das Gefälle des Blut-
drucks, mithin der Widerstand am bedeutendsten. Wir wollen
hier die mechanischen Verhältnisse des Blutkreislaufes im Gehirn nach den Gesichtspuncten, die von mir in einem Vortrag
in der physikalisch-medicinischen Gesellschaft zu Würzburg,
sowie in einem kurzen Artikel, der demnächst in Virchow's
Archiv erscheinen soll, aufgestellt wurden, analysiren, soweit
sie abhängig sind vom arteriellen Blutdruck und vom Widerstand in den Capillaren. Wenn man mit g die Geschwindigkeit des Blutstromes in den Capillaren des Gehirns bezeichnet,
so ist g jedenfalls abhängig von der Differenz der Druckwerthe, die auf der arteriellen und venösen Seite der Hirncapillaren herrschen. Besprochen wurde bereits, was erfolgen
muss, wenn der venöse Druck, während arterieller Druck und
Widerstand in den Capillaren dieselben bleiben, sich ändert.
Bleibt dagegen der venöse Druck ungeändert bei einseitiger

Aenderung des arteriellen Drucks, so treten folgende Verhältnisse auf.

Die Weite der Gehirncapillaren, mithin der davon ab-
hängige in ihnen stattfindende Widerstand ist beeinflusst vom
intracerebralen Druck. Je grösser letzterer ausfüllt, desto mehr
werden die Capillaren verengt. In engen Röhren ist der Widerstand für strömende Flüssigkeit bedeutender, es muss also der
Widerstand bei höherem intracerebralem Druck wachsen, ganz
allgemein W (Widerstand in den Capillaren) eine Function
von d (intracerebralem Druck) sein:

$$W = f (d) \quad . \quad . \quad . \quad . \quad . \quad . \quad . \quad . \quad 1)$$

Die Geschwindigkeit des Blutes in den Capillaren ist aber,
stets constante Verhältnisse im Venensystem vorausgesetzt,
direct proportional dem arteriellen Druck a und umgekehrt dem
Widerstand W, der in den Capillaren sich findet:

$$g = \frac{a}{W} = \frac{a}{f (d)} \quad . \quad 2)$$

Der intracerebrale Druck aber wäre selbst gleich dem
arteriellen Druck, wenn die Arterien frei ins Cavum cranii
münden würden. So aber stellt sich dieser einfachen Ueber-
tragung des arteriellen Drucks auf die allseitig geschlossene
Schädelhöhle die Spannung der Gefässwand (s) entgegen, so
dass als Grösse für den intracerebralen Druck die Differenz
arterieller Druck verringert um den Druck der Gefässspannung
herauskommt:

$$d = a - s \quad . \quad . \quad . \quad 3)$$

Aus Gleichung 2) und 3) folgt g: $= \dfrac{a}{f (a - s)}$. 4)

Aus dieser Gleichung ergibt sich, dass die Diämorrhysis
cerebri abhängig ist sowohl vom arteriellen Druck, als auch
von der Gefässspannung. Hiermit ist 'ein neues Moment in
die Physiologie und Pathologie des Kreislaufes im Gehirn ge-
kommen, das einer näheren Untersuchung bedarf.

Der arterielle Druck und die Spannung kann grösser oder
kleiner werden, der erstere durch vermehrte oder verminderte
Herzarbeit, die letztere beispielsweise durch Reizung oder Lähmung des Sympathicus. Arterieller Druck und Spannung können beide, jedes für sich geändert werden oder ihre Aenderungen
können sich combiniren. Daraus resultiren folgende mögliche
Variationen der Gleichung 4), welche das Verhalten der Durchfluthung des Gehirns bei allen denkbaren Möglichkeiten er-
geben. Es ist zu suchen, die neue Geschwindigkeit des Blutes
in den Capillaren

1. g_1 bei gesteigertem arter. Druck und gleicher Spannung
2. g_2 „ gleichem „ „ „ „
3. g_3 „ vermindertem „ „ „ „
4. g_4 „ gesteigertem „ „ „ gesteigerter „
5. g_5 „ gleichem „ „ „ „
6. g_6 „ vermindertem „ „ „ „
7. g_7 „ gesteigertem „ „ „ verminderter „
8. g_8 „ gleichem „ „ „ „
9. g_9 „ vermindertem „ „ „ „

Für den ersten Fall bleibt $s_1 = s$; a_1 ist gewachsen, vielleicht um x, also $a_1 = a + x$ geworden. Setzt man diese
Werthe in die allgemeine Gleichung, 4), welche die Verhältnisse der Eudiämorrhysis cerebri repräsentiren soll, ein, so erhält man

$$g_1 = \frac{a + x}{f\,[(a + x) - s]} = \frac{a + x}{f\,(a - s + x)}.$$

Vergleicht man mit Gleichung 4), so ergibt sich, dass im
neuen Quotient sowohl der Nenner als der Zähler gewachsen
ist, ersterer in zunächst unbestimmbarem Maasse, es kann also
die neue Blutgeschwindigkeit in den Capillaren sowohl grösser
als kleiner geworden, Hyper- oder Adiämorrhysis cerebri eingetreten sein:

$$g_1 \gtrless g.$$

Im zweiten Fall hat sich offenbar gegen Gleichung 4) gar nichts geändert, es folgt

$$g_2 = g.$$

Für den dritten Fall soll wieder die Spannung sich nicht geändert haben, $s_3 = s$ geblieben sein, dagegen soll sich der arterielle Druck (vielleicht um x) vermindert haben, also $a_3 = a - x$ sein: es folgt daraus

$$g_3 = \frac{a - x}{f[(a - x) - s]} = \frac{a - x}{f(a - s - x)}.$$

Wieder haben sich also Dividend und Divisor im gleichen Sinne, der letztere in zunächst unbestimmtem Maasse geändert, woraus folgt:

$$g_3 \gtrless g.$$

Analog erhält man für den vierten, sechsten, siebenten und neunten Fall

$$g_4 \gtrless g,$$

$$g_6 \gtrless g,$$

$$g_7 \gtrless g,$$

$$g_9 \gtrless g.$$

Nur beim 5. und beim 8. Möglichkeitsfall tritt ein eindeutiges Resultat auf.

Bei Fall 5 ist der Annahme gemäss der arterielle Druck ungeändert $a_5 = a$ geblieben, die Spannung ist (um x) grösser geworden $s_5 = s + x$; es folgt hieraus

$$g_5 = \frac{a}{f[a - (s + x)]} = \frac{a}{f(a - s - x)}.$$

Hier hat sich nur der Divisor geändert, dieser ist kleiner und der Quotient also grösser geworden; mithin:

$$g_5 > g.$$

d. h. es ist Hyperdiämorrhysis cerebri eingetreten und das
bei spastischer Verengerung der arteriellen Gehirngefässe, wo man sonst doch immer den Eintritt mangelhafter
Blutversorgung des Gehirnes annahm. Dieser bis jetzt fort-
geführte Irrthum rührt lediglich von der Confusion der Begriffe:
Anämie und schlechte Ernährung des Gehirns her. Freilich sind
bei spastischer Verengerung der Gehirnarterien diese selbst blutleerer, dafür aber konnten sich die Capillaren des Gehirns in Folge
des verminderten Drucks in der Schädelhöhle ausdehnen. Hiedurch wird nicht nur der Widerstand in den Capillaren, dem
gegenüber der allerdings etwas verstärkte in den Arterien gar
nicht in Betracht kommen kann, herabgesetzt, sondern unter den
neuen Bedingungen tritt das Blut aus engeren Arterien in weitere
Capillaren, was nach hydraulischen Gesetzen nur von günstigem
Einfluss für die Stromesgeschwindigkeit sein kann.

Beim 8. Fall soll wieder $a_8 = a$, dagegen $s_8 = s - x$ sein;
hieraus folgt

$$g_8 = \frac{a}{f\,[a - (s - x)]} = \frac{a}{f\,(a - s + x)}.$$

in dieser Gleichung ist einzig der Divisor grösser, der Quotient
also kleiner geworden; mithin

$$g_8 < g,$$

d. h. es entsteht durch paralytische Erweiterung der
Gehirnarterien Adiämorrhysis cerebri. Es muss übrigens
hervorgehoben werden, dass vor fast 20 Jahren bereits Althann,
in richtiger Auffassung der mechanischen Verhältnisse, bei Paralyse der Gehirnarterien (fluxionärer Hyperämie) aus der dabei
entstehenden Compression der Capillaren schlechte Blutversorgung des Gehirns ableitete.

Uebersieht man die erhaltenen Resultate, so fällt vor Allem
auf, dass nur in drei Fällen eindeutige Verhältnisse vorliegen;
es sind dies die Fälle 2, 5 und 8. Alle drei haben das Ge-

meinsame, dass der arterielle Druck in ihnen als unverändert angenommen wurde. Aendert sich dabei die Spannung, so erfährt auch die Geschwindigkeit des Blutstroms in den Capillaren eine Aenderung und zwar wird durch vermehrte Gefässspannung Hyperdiämorrhysis, durch Nachlass derselben Adiämorrhysis cerebri mit Sicherheit hervorgerufen. Hieraus kann man wohl schon ohne Weiteres den Schluss ziehen, dass die Blutversorgung des Gehirns in weit höherem Maasse von der Innervation der Gehirnarterien als von der Stärke der Herzarbeit abhängig ist. Diese Schlussfolgerung, die ja auffallend erscheinen mag, kann die Analyse folgender concreter Fälle noch näher beleuchten.

Wenn bei einem Kranken, etwa dadurch, dass die Herzkraft nachlässt, der arterielle Druck sinkt, die Innervation der Gefässe aber die nämliche bleibt, so wird durch diese anscheinend einseitige Störung der Eudiämorrhysis cerebri doch nicht der einfache Fall 3 erzeugt. Indem nämlich die Gehirnarterien bei Abnahme des arteriellen Drucks blutleerer werden, muss hiedurch die Spannung selbst beeinflusst werden. Letztere ist eben nicht bloss Resultat der activen Contraction der glatten Muskulatur der Gefässe und also abhängig vom Innervationstonus z. B. vom Sympathicus her, sondern, indem die elastische Gefässwand vom arteriellen Druck passiv gedehnt wird, geräth sie schon, gerade wie ein todter Gummischlauch, in einen Grad von Spannung, der aber rein vom arteriellen Druck abhängt, mit demselben zu- und abnimmt. Wenn also der arterielle Druck sinkt, so sinkt auch mit ihm die Gefässspannung, wir haben also den Fall 9 vor uns, immer vorausgesetzt, dass die Innervation der Gefässmuskulatur dieselbe bleibt.

Nehmen wir an, dass a sich um x, s um y vermindert habe, so erhalten wir die neue Gleichung

$$g' = \frac{a'}{f(a'-s')} = \frac{a-x}{f[a-x-(s-y)]} = \frac{a-x}{f(a-x-s+y)}.$$

Divisor sowohl wie Dividend haben sich geändert, zunächst
also kann $g' \gtrless g$ sein. Ob das eine oder das andere der
Fall ist, wird sich danach richten, ob x oder y, d. h. die Verminderung des arteriellen Drucks oder die der Spannung über-
wiegt. Sind beide gleich gross, so können beide im Divisor
gestrichen werden, für x = y erhalten wir also

$g' = \dfrac{a - x}{f(a - s)}$, welche Gleichung sich von unserer allgemeinen

Gleichung 4) nur durch einen kleineren Dividend unterscheidet,
also ist

$$g' < g.$$

Adiämorrhysis cerebri ist eingetreten.

Es kann aber y zunächst sowohl grösser als kleiner wie
x ausgefallen sein; für $y > x$ ist offenbar der Divisor (in
unbestimmtem Maasse) gewachsen, was im Zusammenhalt mit
dem verminderten Dividenden erst recht

$$g' < g$$

ergibt.

Für $y < x$ aber erhalten wir zu einem verminderten
Dividenden einen gleichfalls (in unbestimmtem Maasse) ver-
kleinerten Divisor, woraus das zweifelhafte Resultat

$$g' \gtrless g$$

folgt.

Für $x > y$ ist also $g' \gtrless g$.

.. $x = y$ „ - $g' < g$,

$x < y$ $\quad g' < g$.

Welcher von den drei Fällen dem angenommenen con-
creten Falle in Wirklichkeit entspricht, wollen wir erst dann
untersuchen, wenn wir in gleicher Weise den entgegengesetzten
Fall analysirt haben.

Es soll, etwa durch verstärkte Herzaction, der arterielle Druck sich (um x) erhöhen, davon abhängig ist durch passive Dehnung der Gefässwand bei gleicher Innervation der glatten Muskeln die Spannung (um y) vermehrt.

Wir erhalten die neue Gleichung:

$$g'' = \frac{a''}{f(a'' - s'')} = \frac{a + x}{f[a + x - (s + y)]} = \frac{a + x}{f(a - s + x - y)}.$$

Für $x = y$ resultirt $g'' = \dfrac{a + x}{f(a - s)}$,

was sich von der Grundgleichung 4) nur durch einen gewachsenen Dividend unterscheidet; es ist also Hyperdiämorrhysis cerebri eingetreten:

$$g'' > g.$$

Ist $x < y$, dann kommt zu einem gewachsenen Dividend ein verminderter Divisor, der ganze Quotient muss also erst recht grösser geworden sein; mithin

$$g'' > g.$$

Ist aber $x > y$, dann ist nicht nur der Dividend, sondern auch der Divisor, letzterer in zunächst unbestimmbarem Maasse grösser geworden, woraus resultirt:

$$g'' \gtrless g.$$

Für $x = y$ ist also $g'' > g$,

„ $x < y$ „ „ $g'' > g$,

„ $x > y$ „ „ $g'' \gtrless g$.

So lange x und y nicht allzugross werden, kann man annehmen, dass die Zunahme des arteriellen Drucks und der Spannung in proportionalem Maasse erfolgt. In den Fällen, in welchen von vornherein die Spannung der Gefässwand kleiner ist als der arterielle Druck, in denen also der intracerebrale Druck eine positive Grösse darstellt (und diese

Fälle bilden mindestens die Mehrzahl*), wird bei proportionaler Aenderung immer y kleiner als x ausfallen. Hieraus erfolgt, dass bei gesteigerter Herzarbeit $g'' \gtrless g$ wird, d. h., dass man zunächst nicht angeben kann, ob Hyper- oder Adiämorrhysis cerebri erfolgt. Bei sinkender Herzkraft wird gleichfalls ein zunächst noch zweifelhaftes Resultat erhalten, auch hiebei folgt

$$g'' \gtrless g.$$

Im ersten Fall aber vermag eine, unabhängig vom arteriellen Druck, eintretende Vermehrung der Gefässspannung, etwa durch Sympathicusreizung bedingt, sehr leicht Hyperdiämorrhysis cerebri mit Sicherheit herbeizuführen, wenn dieser Zuwachs auch nur ausreicht, den Spannungszuwachs gleich dem des arteriellen Druckes zu machen, so dass mindestens $y = x$ wird.

Auch bei sinkender Herzkraft kann man sich den Fall vorstellen, dass starke active Contraction der Gefässwand die entstehende Circulationsstörung ausgleicht, so dass in dem zweideutigen 6. Fall durch überwiegende Spannungszunahme Eu- oder sogar Hyperdiämorrhysis erzielt wird. Actives Eingreifen der Gefässconstrictoren ist es also, was bei gesteigerter Herzkraft in letzter Linie Hyperdiämorrhysis cerebri herbeiführt, bei sinkender Herzarbeit Adiämorrhysis hintanhält. In letzterem Falle haben dabei aber die Vasoconstrictoren ersichtlich schwereres Spiel.

So existirt also, wie für jedes andere Organ, so auch für das Gehirn eine Einrichtung, die es ermöglicht, gesteigertem Blutbedarf bei vermehrter Arbeitsleistung gerecht zu werden. Man weiss, dass ein arbeitender Muskel, eine secernirende

---

*) Cf. Jolly: Untersuchungen üb. d. Gehirndruck u. üb. d. Blutbewegung im Schädel. Würzb. 1871. Mir scheint das Vorkommen negativen Hirndrucks überhaupt noch nicht sicher erwiesen zu sein.

Drüse blutreicher wird und zwar wird der local gesteigerte
Bedarf nicht durch central im Herzen gesteigerte Leistung ge-
deckt, was auch allen anderen minder angestrengten Provinzen
des Körpers zu Gut kommen, also einen Luxusaufwand darstellen würde, sondern es greift hier als locales Correctiv
die paralytische Erweiterung der zuführenden Arterien ein, so
dass das mehr arbeitende Organ auch mehr Blut erhält als
die übrigen feiernden. Beim Gehirn freilich, das in einer
allseitig umschlossenen starren Kapsel sich befindet, ist es aus
den oben entwickelten Gründen der gerade entgegengesetzte
Mechanismus, nämlich spastische Verengerung der Gehirnarterien, was bessere Blutversorgung des Organs während seiner Arbeitsleistung beispielsweise schon im wachen Zustande
gegenüber dem Schlaf gewährleistet. Das gilt aber nur für
das Verhalten der Gehirnarterien, soweit sie sich im Cavum
cranii befinden, mithin durch ihren Tonus den intracerebralen
Druck zu beeinflussen vermögen. Bezüglich der ausserhalb der
Schädelhöhle sich noch befindenden Abschnitte der zuführenden
Arterien, der Carotiden, der Vertebrales gelten die mechanischen
Verhältnisse der übrigen Körperregionen, d. h. Verengerung
dieser Abschnitte wird ceteris paribus eventuell Adiämorrhysis
und umgekehrt paralytische Erweiterung derselben Hyperdiämorrhysis cerebri nach sich ziehen. Ob das eine oder das andere
eintreten wird, darüber gibt eine Betrachtung ähnlich den oben
angestellten Aufschluss, wobei nur zu berücksichtigen ist, dass
paralytische Erweiterung der Arterien ausserhalb des Schädels
geradeso auf die Gefässe im Innern desselben wirken muss,
wie erhöhter arterieller Druck im Allgemeinen. Es ist nicht
unmöglich, dass die Gefässveränderungen innerhalb und ausserhalb der Schädelhöhle coordinirt verlaufen, dass also eventuell
spastische Verengerung im Innern und paralytische Erweiterung
der äussern Gefässe zu gleicher Zeit unter normalen Verhältnissen durch die Erregung des Sympathicus vor sich gehen.

Es ist mir interessant zu sehen, dass Nothnagel*) nur
einen Theil der Nerven für die Gehirngefässe im Grenzstrang
des Sympathicus verlaufen lässt, und Schultz**) sogar annimmt,
dass letztere überhaupt nicht vom Sympathicus, sondern direct
vom vasomotorischen Centrum versorgt werden. Würden weitere Beobachtungen die Richtigkeit dieser Angaben bestätigen
und eine Coordination in der Innervation der Hals- und Gehirngefässe im oben erwähnten Sinn in der That nachweisen,
so würde hiedurch zwar an der Grundlage dieser Arbeit durchaus nichts geändert, wohl aber müsste den Symptomen der
Hals-Sympathicusreizung und -Lähmung die Bedeutung abge-
sprochen werden, die sie vor der Hand noch für die Annahme
von Hyperdiämorrhysis und Adiämorrhysis cerebri beanspruchen
dürfen, sie würden dann und zwar mit grosser Sicherheit das
Entgegengesetzte anzeigen. Wie dem aber auch immer sei,
so viel kann als feststehend betrachtet werden, dass auch das
Gehirn einen Mechanismus für sich besitzt, durch den es je
nach Anforderung besser mit Blut gespeist werden kann, ohne
dass die Herzarbeit in toto, also die Circulation und der Stoffwechsel in den übrigen unbetheiligten Organen unnützerweise
erhöht wird.

Dieses Hülfsmittel vermögen wir in therapeutischer Ab-
sicht zu verwenden, der Organismus selbst aber kann sich desselben bedienen, wo es sich darum handelt, beispielsweise aus
anderen Gründen entstandenen Sauerstoffmangel des Gehirns
durch gesteigerte Durchfluthung auszugleichen.

Es ist bekannt, dass die Symptome der Anoxygenie bei
anämischen Individuen, bei Chlorose, wo zu wenig Hämoglobin
im Blut circulirt, dass die Kopfschmerzen, der Schwindel, die

---

*) Nothnagel in Ziemssens Lehrbuch Bd. XII. II. 2. Hälfte. 2. Aufl.
p. 191.
**) Nach Nothnagel l. c.

Ohnmachtsanwandlungen verschwinden oder gebessert werden.
wenn der Kopf tief gelegt wird und ein stärkerer arterieller
Druck hiedurch auf die Hirngefässe sich überträgt. Die Mög-
lichkeit, dass hiedurch in der That vermehrte Geschwindigkeit
des Blutstromes in den Hirncapillaren, Hyperdiämorrhysis cerebri
hervorgerufen werden kann, muss nach unseren obigen Aus-
einandersetzungen ohne Weiteres zugegeben werden. Man
beobachtet aber auch ferner, dass noch ein Mittel, therapeutisch
angewendet, regelmässig wenigstens die Kopfschmerzen der
anämischen Kranken zu lindern pflegt, von dem man nach der
bisher landläufigen Anschauung das Gegentheil sicher hätte
voraussetzen sollen, nämlich die Anwendung der Kälte auf
den Kopf. Auflegen der Eisblase wird von Anämischen wohl
ausnahmslos gut ertragen, eben desswegen, weil durch die
spastische Verengerung der Gehirngefässe (die Kälte wirkt, wie
experimentell gezeigt worden, tief ins Gehirn) Hyperdiämorrhysis cerebri resultirte. Sauerstoffarmes Blut, von dem in der
Zeiteinheit eine entsprechend grössere Menge die Capillaren
durchfliesst, vermag aber der richtigen Ernährung des Gehirns
gerade so gut nachzukommen, wie ein normales Blut mit lang-
samerer Strömung. Theoretische Anschauungen über Anämie
und Hyperämie des Gehirns, die aber nach dem, was wir aus-
einandersetzten, auf ganz falscher Basis beruhen, haben bis
jetzt die Aerzte abgehalten, auch die schweren Symptome, die
Ohnmachtsanfälle der Chlorotischen u. s. w. ebenfalls vermittels
der Kälte zu behandeln. Nur bei den unbedenklichen und all-
täglichen Kopfschmerzen Anämischer hat die von den Aerzten
contra regulam befolgte Praxis der Laienwelt das Richtige getroffen. Auf der andern Seite vermochte sich ein Mittel, das
den bisherigen Anschauungen gemäss wie kein zweites im
Stande sein musste, „Anämie" des Gehirns zu beheben, nämlich das Amylitrit, niemals Eingang in den Schatz therapeutischer Maassnahmen bei Sauerstoffmangel im Gehirn zu

erzwingen. Im Gegentheil beobachtet man gerade bei diesem
eindeutig, rasch und energisch wirkenden Mittel alle Zeichen,
welche conform denen der Adiämorrhysis cerebri als Kopfweh,
Schwindel, Funkensehen, Uebelkeit direct als pathologisch angesehen werden müssen. Nicht nur die Erfolge der Therapie stehen im Einklang
mit der oben entwickelten Theorie des Blutkreislaufes im Gehirn, es scheint vielmehr auch der von ihr geforderten Mittel
der Organismus sich zu bedienen, um Schädlichkeiten auszugleichen, welche durch irgend ein Moment, beispielsweise Nachlass der Herzkraft, dem Gehirn erwachsen sind.

Wie Eingangs erwähnt wurde, vermag sich das Gehirn
an einen sich entwickelnden Zustand von Anoxygenie allmälig
zu gewöhnen. Es sind demnach acut einsetzende Zustände
mangelhafter Blutversorgung des Gehirns, welche einerseits
gefährlich wirken, andererseits um so eher die Abwehrmittel
des Organismus der drohenden Gefahr gegenüber in Bewegung
setzen können.

Ein jeder kennt die deletäre Einwirkung, welche ein jäher
Schreck, Furcht und Entsetzen, besonders auf nervöse oder
anämische, geschwächte Individuen auszuüben vermag. Das
Herz wird dabei in dem Maasse gelähmt, dass nicht nur die
Integumente blass und kalt werden, Schauer und Gänsehaut
sich einstellen, sondern geradezu der Exitus letalis durch Herz-
paralyse erfolgen kann. Unter solchen Umständen scheint nun
der Organismus über ein Hülfsmittel zu verfügen, dass gerade
das Gehirn, so ,ausserordentlich empfindlich gegenüber acut eintretenden Circulationsstörungen wie es ist, Herr der Situation
bleibt, so dass nicht nur die lebenswichtigen Centren in der
Medulla oblongata geschützt, sondern die noch empfindlicheren
Centren des Bewusstseins und der activen Innervation der Muskulatur functionsfähig bleiben, von deren zielbewusster Thätigkeit eventuell die Abwehr der drohenden Gefahr abhängt. Es

gibt nur ein Mittel, das bei sinkendem arteriellem Druck den
Eintritt von Adiämorrhysis cerebri beschwören kann, das ist die
spastische Verengerung der Gehirnarterien. Der Sympathicus ist
aber in solchen Fällen in der That im Zustand erhöhter Reizung,
das beweisen schon die ad maximum erweiterten starren Pupillen
der „zum Tod erschrockenen" Menschen. Diesen weiteren Pupillen, dem Ausdruck der Sympathicus-Reizung, begegnet man
auch dann, wenn durch erhöhten intracerebralen Druck (bei Tumor,
Hämorrhagie, Hydrocephalus u. s. w.) Adiämorrhysis cerebri eingetreten ist. Man ist gewöhnt, diese erweiterten Pupillen geradezu
als Drucksymptom zu deuten. Sie stellen nach unserer Auffassung einzig ein Zeichen dar vom Bestreben des Organismus,
der bestehenden Schädigung des Blutkreislaufs ein Paroli zu
bieten, den pathologisch erhöhten Gehirndruck durch vermehrte
Gefässspannung zu erniedrigen. Wirklich ist Pupillenerweiterung
ein Initialsymptom erhöhten intracerebralen Drucks, bald
erlischt in vielen Fällen die Reactionskraft des Organismus,
der übermässig gereizte Sympathicus erlahmt, die Pupillen
werden eng und starr, und damit ist, wie die klinische Erfahrung lehrt, in der Regel das Schicksal des Kranken be-
siegelt, der Exitus letalis unvermeidlich, weil eben die Verengerung der Pupillen die endgültige Niederlage des mäch-
tigsten und letzten Hülfsmittels verkündet, über welches die
Natur noch zur Abwendung tödtlicher Adiämorrhysis cerebri
verfügt *).

Man wird begreiflicherweise zur Bekämpfung einer acut
entstehenden Adiämorrhysis cerebri, wenn sinkende Herzkraft
die Ursache darstellt, wohl als Adjuvans die Anwendung der
Kälte üben, man wird aber vor allen Dingen der Indicatio causalis

---

*) Bei dieser Betrachtung ist vorausgesetzt, dass die beobachtete
Sympathicus-Reizung in der That Contraction auch der Gehirngefässe
bewirkt, in wie weit dies wahrscheinlich ist, davon war weiter oben
bereits die Rede.

gerecht werden müssen. Wenn der arterielle Druck gesunken ist und dadurch Störungen in der Durchfluthung des Gehirns eintraten, so darf man erwarten, dass sich diese mit dem Ansteigen des arteriellen Drucks wieder ausgleichen. Es sind also vor Allem die Herzreize, welche in erster Linie bei solchen Zuständen, wie ja schon lange in der klinischen Medicin bekannt ist, angewendet werden müssen. Gegenüber dieser Indication können Maassnahmen, welche die Spannung der Gehirngefässe vermehren, naturgemäss erst in zweiter Linie in Frage kommen, wenn gleich sie wohl eine mächtige unterstützende Wirkung auszulösen vermögen, die namentlich ihrer Schnelligkeit wegen sie eventuell ausserordentlich werthvoll erscheinen lässt. Wo dagegen Adiämorrhysis cerebri bei intacter Herzkraft lediglich durch Paralyse der Gehirngefässe erfolgt, das Bild der fluxionären Hyperämie des Gehirns, der Congestion zum Kopf sich entwickelt, wird nach unserer Auseinandersetzung die Kälte oder irgend ein anderes den Gefässtonus steigerndes Mittel die wesentliche Rolle bei der Bekämpfung des pathologischen Zustandes spielen.

In solchen Fällen von „activer oder fluxionärer Hirnhyperämie", die nach unserer Auffassung nichts anderes als Adiämorrhysis cerebri darstellen, ist immer und immer wieder die Ausführung örtlicher und allgemeiner Blutentziehung angerathen worden. Die klinische Beobachtung lehrt, dass beispielsweise nach einer Venäsection das geschwundene oder zu schwinden drohende Bewusstsein wiederkehrt, und die Kranken sich rasch erholen. Umgekehrt freilich sind auch vielfältig so schlimme Erfahrungen dabei gemacht worden, dass die Blutentziehungen im Allgemeinen ihren Credit eingebüsst haben und eine Venäsection ausserordentlich selten nur noch, vielleicht seltener als recht wäre, von den Aerzten der heutigen Tage gemacht wird. Es kann keinem Zweifel unterliegen, dass der bei „fluxionärer Hyperämie" des Gehirns gesteigerte

Hirndruck, welcher die Adiämorrhysis verschuldet, durch eine Venäsection rasch vermindert werden kann. Es kann dadurch dem Gehirn schnell Luft verschafft werden, ob die hiedurch erzielte Besserung nicht ein Danaergeschenk ist, wird sich danach richten, ob das Herz den gesetzten Blutverlust ohne Schädigung seiner Kraft ertragen hat.

Ist letzteres nicht der Fall, so kommt man eventuell aus dem Regen in die Traufe. Leider besitzen wir nur wenig Kennzeichen, welche uns nur mit einiger Sicherheit vermuthen lassen, wie das Herz eine Venäsection verträgt, indem auch sogenannte allgemeine Plethora durchaus keine Garantien für ein leistungsfähiges Herz gewährt. Die Raschheit der Wirkung auf der anderen Seite lässt unter Umständen einen Aderlass als das wünschenswertheste, ja vielleicht einzig noch lebensrettende Mittel erscheinen, wesshalb dieses wohl niemals ganz aus dem Heilmittelschatz verbannt werden wird. Es muss aber unseres Erachtens begleitet und gefolgt sein von Mitteln, welche den Tonus der Gefässe steigern. Letzterer sinkt bei fallendem arteriellen Druck von selbst, das muss verhütet werden um jeden Preis, die Combination beider Mittel scheint vom theoretischen Standpunkte aus gerechtfertigt und unter Umständen dringend indicirt. In der That hat sich auch in die ärztliche Praxis die Combination von Eisbehandlung und Blutentziehung bei der Behandlung „fluxionärer Hyperämien" des Gehirns längst eingebürgert. Man hat dabei das Richtige getroffen, obwohl man übermässig gesteigerte Blutversorgung des Gehirns annehmen und bekämpfen zu müssen glaubte, während in der That Adiämorrhysis cerebri vorlag und gegen sie eingeschritten wurde.

Anders stellt sich die Indication für das ärztliche Eingreifen bei einer Gehirnblutung, bei der Apoplexia cerebri sanguinea. Der mechanische Widerstand, den die Gehirnsubstanz dem andrängenden Blutextravasat entgegensetzt, ist es, der die

Blutung zum Stehen bringt. Wo dieser Widerstand ein sehr
geringer ist, beispielsweise in den Ventrikeln, an der Gehirnoberfläche oder von der Entwicklung her präformirten Spalten,
so am Claustrum, können sich Blutextravasate weiter verbreiten.
Daher kommt es, dass an letzterer Stelle regelmässig so beträchtliche Blutherde beim Bersten eines Hirngefässes sich
bilden, dass die innere Kapsel mit in die mechanischen Druck-
wirkungen und die Circulationsstörungen hineingezogen wird,
somit eine Hemiplegie auf der gekreuzten Seite sich ausbildet,
sobald die Prädilectionsstelle für Hirnblutungen überhaupt Sitz
des Extravasates wird. Bricht vollends ein Bluterguss in einen
Ventrikel oder gegen die Pia auf die freie Gehirnoberfläche
durch, so wird das Extravasat regelmässig ein so massenhaftes,
dass stärkste Compression des Gehirns, mächtiger intracerebraler Druck durch Adiämorrhysis cerebri meist in kürzester
Frist das Leben beendet. Die demnach über allen Zweifel
stehende Schutzkraft der Cohäsion der Gehirnsubstanz gegenüber eintretenden Blutungen wird aber auf der anderen Seite
unterstützt durch die Stärke des intracerebralen Drucks. Je
geringer die Differenz zwischen arteriellem und intracerebralem
Druck ist, mit desto geringerer Wucht erfolgt ceteris paribus
der Anprall des die Gefässbahn verlassenden Blutes gegen die
Gehirnsubstanz. Zu den Massregeln aber, die auf der einen
Seite den intracerebralen Druck herabsetzen, auf der andern
den arteriellen Druck in den Gehirngefässen wenigstens in etwas
zu steigern vermögen, gehört mit Sicherheit all das, was die
Spannung der Gefässwand erhöht, speciell die Anwendung der
Kälte. Wenn wir also auf den Kopf eines von blutigem Hirn-
schlag soeben getroffenen Kranken die Eisblase auflegen, so
müssen wir dessen eingedenk sein, dass hiemit, wenn überhaupt eine Wirkung eintritt, einer Vergrösserung des entstehenden Blutherdes ganz entschieden Vorschub geleistet wird.
Anders liegen natürlich die Dinge, wo anscheinend die Blutung

zu Ende ist, in Folge des vermehrten intracerebralen Drucks aber Adiämorrhysis cerebri besteht; in solchem Fall wird nach den oben aufgestellten Grundsätzen die Anwendung der Kälte oder sonst gefässverengender Mittel direct indicirt, vielleicht sogar lebensrettend erscheinen. So klar die Indication gestellt zu sein scheint, so ist das Missliche bei der Sache doch das, dass man meist nicht in der Lage sein wird, sicher den Zeitpunkt zu errathen, in welchem die Blutung zum Stehen kam und nicht leicht mehr durch Erniedrigung des intracerebralen Drucks von neuem in Fluss gebracht wird, den Zeitpunkt also, von welchem an man gefahrlos die für die Reparatur so sehr wichtige Steigerung der Diämorrhysis cerebri durch Anwendung der Kälte erstreben darf. So viel aber ergibt sich aus diesen Deductionen mit Sicherheit, dass man niemals im ersten Beginn einer Hirnhämorrhagie mit der Anwendung der gefässverengenden Mittel eilen darf. Während des sogenannten „protrahirten Insults“, der sich auch bei Hirnblutungen mitunter über Stunden, ja noch länger hinziehen kann, wird meiner Ansicht nach durch die Application der Kälte ungemein viel geschadet, eventuell sogar der Tod des Patienten verschuldet. Wo aber die „Hirndrucksymptome“ sich ausgebildet haben und das Krankheitsbild beherrschen, da tritt die Indicatio vitalis an uns heran, um jeden Preis Hyperdiämorrhysis cerebri durch Anwendung der Kälte etc. zu erzielen und dadurch das Gesammthirn, speciell die lebenswichtigen Centren vor dem Erstickungstode zu bewahren.

Dieser Indication, den gesteigerten Hirndruck durch gefässverengende Mittel herabzusetzen, müssten wir auch dann nachkommen, wenn wir glauben würden, dass durch vermehrten intracerebralen Druck direct mechanisch die Gehirnsubstanz beleidigt und die ganze Gruppe jener Erscheinungen hervorgerufen wird, die man unter dem Namen „Hirndrucksymptome“ zusammenfasst.

Diese Symptome sind allbekannt. Schwindel, Uebelsein,

Kopfschmerzen, besonders aber Erbrechen, eingezogener Leib
und Pulsverlangsamung stellen sich ein, die Pupillen werden
starr (cf. oben), das Bewusstsein wird bei beträchtlich wachsendem Hirndruck benommen, endlich ganz vernichtet, nach dem
Thierexperiment zu schliessen, gehören dazu aber sehr hohe
Druckwerthe. Die Pulsverlangsamung und wohl auch das Erbrechen werden allgemein und mit Recht auf Vagusreizung
zurückgeführt. Diese Reizung des Vagus geht schliesslich in
ein Stadium der Lähmung über und dann wird der vorher
langsame, grosse und volle Puls (der eigentliche Pulsus cephalicus) ausserordentlich frequent, dabei klein und weich. Diese
Drucksymptome beobachtet man bei allen den Vorgängen, bei
welchen der Inhalt des Schädels vermehrt, der Raum für das Gehirn
innerhalb desselben also verkleinert wird. Tumoren jeglicher
Art, Aneurysmen der Gehirnarterien, hydrocephalische Ergüsse,
Verdickungen der Dura, können in diesem Sinn chronisch,
Blutextravasate, Impressionen des Schädeldaches, Fremdkörper,
Projectile u. s. f. acut wirken. Es liegt in der That nichts
näher, als die durch solche Ursachen und nachweislich nur
durch solche Ursachen regelmässig hervorgerufenen Hirnsymptome
auf eine mechanische Beleidigung des Cerebrum durch den
gesteigerten intracerebralen Druck zu beziehen: die hiedurch
gereizten Nerven der Dura erzeugen den Kopfschmerz; Schwindel,
Benommenheit, Coma werden durch die Compression der lebenden Gehirnzellen herbeigeführt, Druck auf das Vagus-Centrum
bedingt Reizung desselben und Pulsverlangsamung im Beginn,
später aber Lähmung und damit Pulsbeschleunigung. So lautet
die Doctrine von den Hirndrucksymptomen, so ist sie allgemein
adoptirt und dennoch ist sie von Grund aus falsch. Vom
steigenden intracerebralen Druck ist auch, wie wir gesehen
haben, die Blutversorgung des Gehirns abhängig, es tritt
Adiämorrhysis cerebri ein. Ob diese, oder der directe mechanische Einfluss des gesteigerten Drucks auf den Inhalt der

Schädelkapsel die „Drucksymptome" hervorruft, ist eine Frage, welche durch alltägliche Erfahrung eigentlich schon längst endgültig erledigt sein sollte.

Bringt man einen ganzen Menschen unter erhöhten äusseren Druck, beispielsweise in ein pneumatisches Cabinet, wie das bei Behandlung von Lungenkranken so oft geschieht, oder noch einfacher, taucht ein Mensch in beträchtliche Tiefe unter Wasser, so steht er eventuell unter einem ganz enormen Druck bis zu 3 Atmosphären, erfahrungsgemäss ohne Schaden. Es ist das ein Druckwerth, der auch nicht im Entferntesten vom pathologisch erhöhten intracerebralen Druck bei Krankheiten jemals erreicht wird und dennoch treten dabei, vorausgesetzt, dass der äussere Druck nicht plötzlich, sondern allmälig gewachsen ist, niemals die sogenannten Hirndrucksymptome ein. Wirkt ein erhöhter äusserer Druck auf die Oberfläche des ganzen Körpers ein, so wächst nach einfachen physikalischen Betrachtungen, die man (Leyden) mit Unrecht hat anzweifeln wollen, in gleichem Maasse auch der intracerebrale Druck. Die Schädelkapsel zwar ist starr und setzt äusserem Druck einen zunächst wohl unbesiegbaren Widerstand entgegen. Anders verhält es sich aber mit dem Gefässapparat. Der arterielle Druck steigt mit wachsendem äusserem Druck gleichmässig an, sonst würde ja, nebenbei gesagt, bei äusserem Druck von circa 3 Atmosphären alle Circulation unterbrochen werden. Wenn nun der intracerebrale Druck gleich der Differenz von arteriellem Druck minus der Gefässspannung ist, welch letztere sich durch den vermehrten äusseren Druck nicht ändert, so muss sich einfach jede Steigerung des auf der Oberfläche des Körpers lastenden Druckes durch die Arterien auf das Cavum cranii fortsetzen und in ganz gleichem Maasse auch den intracerebralen Druck erhöhen. Wäre dem nicht so, bliebe das Cavum cranii allein vom wachsenden äusseren Druck verschont und nur der übrige Körper stünde unter dem Einfluss des-

selben, so müsste das Blut aus Rumpf und Extremitäten nach
hydrostatischen Gesetzen gegen den Ort niederen Druckes, die
Schädelhöhle, hin mit solcher Macht abfliessen, dass etwa
20 m unter der Wasseroberfläche im Nu alles von Gefässen des
Gehirns zerrissen und letzteres einfach zertrümmert wäre. Das
tritt nun thatsächlich nicht ein und kann nicht eintreten, weil
arterieller Druck und intracerebraler Druck gleichmässig gewachsen sind. In diesem gleichmässigen Wachsen beider Grössen
liegt aber auch der Grund, warum unter solchen Verhältnissen
keine Aenderung der Circulation im Gehirn sich einstellen kann.
Nur wenn der intracerebrale Druck einseitig, beispielsweise
durch das Wachsthum eines intracraniellen Tumors erhöht wurde,
naturgemäss aber hiebei der arterielle Druck keine Aenderung
erfuhr, treten die Symptome des „Hirndrucks" in die Erscheinung. In einem solchen Fall, wo sich nur der intracranielle Druck,
nicht aber auch der arterielle Druck in positivem Sinn geändert
hat, muss sich aber für die Circulation nach den oben entwickelten Grundsätzen Adiämorrhysis cerebri ausbilden. Nur wo
diese durch gesteigerten intracerebralen Druck herbeigeführt
wird, kommen also die Hirndrucksymptome zum Vorschein.
letztere sind demnach nur indirecte Folge vermehrten Drucks
und recht eigentlich Symptome von hierdurch bedingter
Adiämorrhysis cerebri.

Es bleibt nur noch die Frage zu erörtern, warum die
unter anderen Umständen eintretende Adiämorrhysis des Gehirns nicht auch die Hirndrucksymptome, speciell den Pulsus
cephalicus hervorzurufen vermag.

Die übrigen „Drucksymptome", das Erbrechen, der Kopfschmerz, das Coma, auch die starren Pupillen kommen thatsächlich auch sonstigen Zuständen von Adiämorrhysis cerebri zu, sie
bezeichnen nur einen besonders hohen Grad dieser Circulationsstörung. Die Vagusreizung aber mit dem verlangsamten Puls
beobachtet man nur bei erhöhtem intracerebralen Druck, nicht

beispielsweise bei Chlorose; es scheint also demnach doch für's
Vaguscentrum eine Ausnahmestellung zu bestehen, insofern
dieses nur durch erhöhten Druck mechanisch in den Zustand
von Reizung versetzt zu werden vermag. Auf der andern Seite
aber kommt bei erhöhtem Druck ohne Circulationsstörung (bei
Tauchern) der Pulsus cephalicus auch nicht zur Beobachtung.
Aus diesem Dilemma könnte man sich helfen, wenn man annehmen wollte, dass beim Vaguscentrum beide Momente, der
mechanische Druck und schlechte Blutversorgung, zusammen-
wirken müssen, um Reizzustand zu bedingen. Diese Hypothese
würde zwar den beobachteten Thatsachen recht wohl entsprechen
und kann nicht ganz von der Hand gewiesen werden, hat aber
von vornherein recht wenig Wahrscheinlichkeit für sich. Die
nervösen Apparate werden, wie man weiss, durch schlechte
Blutversorgung, „Anämie", in Reizzustand versetzt, es wäre im
höchsten Grade merkwürdig, wenn das Vaguscentrum allein
eine Ausnahme von dieser Regel machen würde. Man wird
aber von den Thatsachen gar nicht mit Nothwendigkeit ge-
zwungen, diese Hypothese aufzustellen. Die Beschaffenheit
des Pulses ist ja nicht ausschliesslich von der Erregung des
Vagus, sondern von noch mehreren Momenten abhängig. Bei
Chlorose oder bei einer allgemeinen Circulationsstörung werden
auch die andern herzregulirenden Apparate pathologisch beeinflusst und recht leicht möglich ist es, dass durch ihre
Thätigkeit der Effect einer nebenbei bestehenden Vagusreizung
verwischt oder sogar in das Gegentheil umgeändert wird. Bei
Chlorose beispielsweise gerathen auch die excitomotorischen
Centren im Herzen selbst in Folge von Anoxygenie in Reizzustand, ebenso der Sympathicus, beides bedingt Pulsbeschleunigung, die vielleicht das Symptom der Vagusreizung gar nicht
aufkommen lässt. Anders ist's beim erhöhten intracerebralen
Druck, Herz und Sympathicus bleiben dabei ausser Spiel,
nur der Schädelinhalt, mit ihm das Vaguscentrum erleiden

Adiämorrhysis, es resultirt dann daraus der Pulsus cephalicus.

Viel schwieriger hält die Deutung der Einziehung des
Unterleibs bei Hydrocephalischen. Sie scheint durch tonischen
Krampf der Bauchmuskeln bewirkt zu werden und ist vielleicht
auf die gleiche Stufe zu setzen mit dem Genickkrampf, dem
Orthotonus der Meningitiskranken. Bei letzteren vermag, auch
ohne dass zunächst weitere „Drucksymptome" sich einstellen, wie
es scheint, der Reiz des an der Gehirnoberfläche herrschenden
Entzündungsprocesses auf die motorischen Centren in der Rinde
den Krampf auszulösen. Möglich ist es also immerhin, dass
die spastische Einziehung des Unterleibs auch durch mechanischen Druck auf die Gehirnoberfläche von aussen oder von
innen her bewirkt wird, sie kommt bei anderen Formen von
Adiämorrhysis cerebri schlechterdings nicht vor; ob sie bei
Leuten, deren ganzer Körper unter erhöhtem Druck sich befindet, je beobachtet wurde, konnte ich aus der Literatur nicht
ersehen. Möglich ist es also immerhin, dass dieses Reizsym-
ptom der Hirnrinde auch durch gesteigerten intracraniellen
Druck einfach mechanisch herbeigeführt wird, dass also dieser
Spasmus der Bauchmuskeln eine Sonderstellung einnimmt und
das einzige wirkliche „Hirndrucksymptom" darstellt. Sollte
aber, was auch möglich ist, beim Einziehen des Unterleibs
gar nicht Spasmus der Bauchmuskeln das Primäre sein, sondern
Verkleinerung des Inhalts der Bauchhöhle durch Krampf der
Darmmuskulatur, so wäre dies nichts Anderes, als Symptom von
Vagusreizung, wobei der Sympathicus wieder antagonistisch
wirken könnte. Es würde dann für die Einziehung des Unterleibs dasselbe gelten wie für den Pulsus cephalicus.

Nach den bisherigen Ausführungen ist es nicht mehr
möglich, zwei Krankheitsbilder, der früheren „Anaemia und
Hyperaemia cerebri" entsprechend, auseinander zu halten, vor
Allem geht es nicht an, aus dem Zustand der sichtbaren

Arterien Schlüsse auf die Circulation im Gehirn zu ziehen, bei
Blässe der Haut ohne Weiteres auf schlechte Blutversorgung.
bei Röthung derselben auf das Gegentheil zu schliessen. So-
lang man nicht in allen Fällen im Stande ist. die jeweilige
Grösse der Herzkraft und der Arterienspannung zu bestimmen, ist
eine Diagnose auf Adiämorrhysis oder Hyperdiämorrhysis cerebri
überhaupt nicht mit Sicherheit zu stellen. Es ist das kein grosser
Schaden, denn höchst wahrscheinlich verursacht überhaupt für
gewöhnlich nur die Adiämorrhysis cerebri pathologische Symptome. Wenigstens gibt es nicht viele Beobachtungsthatsachen
von pathologischen Gehirnerscheinungen, bei denen die genauere
Analyse mit Sicherheit oder auch nur Wahrscheinlichkeit Hyperdiämorrhysis als Grundlage annehmen liesse. Das menschliche
Gehirn reagirt nur auf schlechte Blutversorgung. nicht auf gesteigerte mit Krankheitssymptomen. Von dieser Regel gibt
es, so viel ich sehe, nur zwei Ausnahmen, indem bei einer
Anzahl von Epileptikern. freilich nicht bei allen, Spasmus der
Gefässe bei intacter Herzkraft den epileptischen Insult ein-
leitet. Es ist im höchsten Maasse wahrscheinlich, dass in der
That hiebei Hyperdiämorrhysis cerebri besteht. Dass jener
hier nicht auch wieder Schutzmassregel ist, geht aus der günstigen Wirkung des Amylnitrits hervor, das den Gefässkrampf
beseitigt und damit das Ausbrechen des epileptischen Anfalls
verhindert oder abkürzt. Für diese Fälle bleibt also vorläufig
nichts Anderes übrig, als eine perverse, von der Norm ab-
weichende Reaction des Gehirns gegenüber gesteigerter Blutversorgung anzunehmen, wodurch der Zustand von Hyperdiämorrhysis cerebri, der bei normalen Gehirnen keinen Schaden
bedingt, mit schweren Störungen der Erregbarkeit der Gehirnsubstanz oder einzelner Theile derselben beantwortet wird.
Bekannt ist übrigens, dass auch das Gegentheil vorkommt.
dass es also auch Gehirne geben muss, die auf Adiämorrhysis
cerebri nicht mit den gewöhnlichen Symptomen, sondern mit

einem epileptischen Insult reagiren. Die zweite Ausnahme betrifft vielleicht gewisse Fälle von „Hemicrania spastica". Auch bei diesen kann man wie bei der Epilepsie wohl auf eine angeborene oder erworbene Veränderung in der Reactionsfähigkeit des Gehirns recurriren.

Ich will nur noch anhangsweise versuchen, die leitenden Grundsätze, die ich soeben für die Circulation des Gehirns entwickelt habe, anzuwenden auf ein noch bisher vielumstrittenes Gebiet der Pathologie. Ich glaube, dass die hiebei neu gewonnene Auffassung des Krankheitsbildes eine recht befriedigende Uebereinstimmung zwischen Theorie und Erfahrung am Krankenbett, sowie den Resultaten experimenteller Arbeiten ergibt.

In den Versuchen, die Genese der Urämie klar zu legen, lassen sich bekanntlich im Allgemeinen zwei Richtungen unterscheiden. Während die Einen, heutzutage wohl die Mehrzahl der Autoren umfassend, der „chemischen Theorie" huldigen und annehmen, dass eine Vergiftung der nervösen Centralorgane mit den nur mangelhaft sich ausscheidenden Endproducten des Stoffwechsels die merkwürdigen Symptome der Urämie hervorrufen, hat es auf der andern Seite zu keiner Zeit, seit man überhaupt sich eingehender mit dieser Frage beschäftigt, an Forschern gefehlt, welche an mechanischer Läsion des Gehirns als letzter Ursache für die Urämie festhalten zu müssen glaubten. Einfache Circulationsstörung im Gehirn im Sinn einer Hyperämie oder Anämie oder nach Traube's genialer Hypothese ödematöse Durchtränkung des Centralorgans wurden als das ausschlaggebende ursächliche Moment für den urämischen Symptomencomplex angesehen; letztere Durchtränkung des Gehirns mit transsudirtem Blutwasser konnte ihrerseits theils als Folge primärer Circulationsstörung, theils als Effect zu grosser Retention des im Blut vorhandenen Wassers aufgefasst werden: immer musste man annehmen, dass ein solches Oedema cerebri schliesslich deletär auf die Gehirnsubstanz doch wieder nur dadurch wirken könne, dass die Circulation in der Schädelhöhle verschlechtert werde, eine beträchtliche „Anaemia cerebri" entstehe.

Die umfangreichsten und sorgfältigsten Beobachtungen am Krankenbett und auf dem Obductionstisch, die sinnreichsten Methoden des Thierexperimentes haben, das muss man gestehen, bis jetzt durchaus nicht hingereicht, nach der einen oder andern Richtung die hochwichtige Frage der Urämie zu entscheiden, wenn sie gleich genügten, mit grosser Wahrscheinlichkeit die zurückgehaltenen Harnstoffe im Allgemeinen als die Materia nocens zu bezeichnen. Dabei kann ich von vornherein nicht verschweigen, dass die Sectionskunst der pathologischen Anatomie, wie sie, Ausnahmsfälle vielleicht abgerechnet, gegenwärtig geübt wird, absolut keine Garantieen bietet, auch nur über die ante mortem in der Schädelhöhle lediglich vorhandene Blutmenge ein Urtheil zu gewinnen, ganz abgesehen davon, dass mit einem solchen kein Anhalt noch gegeben wäre für den Grad der Durchfluthung des Gehirns intra vitam.

Wenn, wie es gewöhnlich geschieht, bei den an Urämie Verstorbenen nach Eröffnung der Brust und Bauchhöhle oder wenigstens mit Unterlassung aller weiteren Cautelen das Cavum cranii geöffnet und das Gehirn herausgenommen wird, kann man unmöglich erwarten, die Blutfülle des Organs auch nur einigermassen den Verhältnissen ante mortem entsprechend zu finden. Wie wenig aber fernerhin „Anaemia und Hyperaemia cerebri" im Sinn des pathologischen Anatomen sich mit dem decken, was ausschliesslich für die Genese der Urämie von Bedeutung sein kann, mit der guten oder schlechten Durchfluthung des Gehirns mit Blut, leuchtet von selbst ein und ist schon ausführlich genug weiter oben besprochen und begründet worden. In der letzten Zeit hat bekanntlich Fleischer sehr werthvolle Beobachtungen über die Circulationsverhältnisse am lebenden Gehirn angestellt und gerade seine Untersuchungen sind geeignet, eine vermittelnde Rolle zwischen der chemischen und der mechanischen Theorie zu spielen. Wenn es ihm gelungen ist, am trepanirten Schädel des Versuchsthieres durch locale Vergiftung des Gehirns mit Urinstoffen eine evidente Anämie der betreffenden Gehirnparthie zu bewirken, so wird man nicht leicht die Bedeutung dieses Versuchsresultates für unsere Auffassung vom Zustandekommen der Urämie überschätzen können. Je mehr sich die Ueberzeugung Bahn gebrochen hat, dass nicht Retention von Wasser, sondern von Urinstoffen die Noxe der Urämie darstellt, desto mehr muss man nach Fleischer's Versuchen den Schluss ziehen, dass die giftigen Stoffe im Blut eine Contraction der Gefässe und hiemit Anaemia cerebri hervorrufen; war ja doch schon längst von anderer Seite auf die Aehnlichkeit der Symptome der Anaemia cerebri und des urämischen Anfalles mit Recht nachdrücklich aufmerksam gemacht worden.

In meiner Arbeit über „die Circulation im Gehirn und ihre Störungen" habe ich schon darauf hingewiesen, dass die Circulationsverhältnisse im Gehirn wesentlich anders liegen, als man bisher angenommen hatte und dass die Eudiämorrhysis cerebri ganz besonders von einem Factor, nämlich der Gefässspannung, beherrscht werde, dessen richtige Würdigung vollständig unterblieben war. Damals habe ich auch der Zuversicht Ausdruck gegeben, dass die neu entwickelten und, wie ich glaube, sicher gestellten Gesichtspuncte für unsere Auffassung der Urämie von ausschlaggebender Bedeutung sein dürften. Es scheint mir in der That für alle bisherigen Erklärungsversuche der urämischen Symptome, soweit sie auf geänderte Circulation im Gehirn recurriren, die Basis durch meine Deductionen sich vollständig verschoben zu haben und aus diesem Grunde mag es mir vielleicht erlaubt sein, die von anderer

Seite gelieferten, bisher vorliegenden Versuchs- und Beobachtungsresultate nochmals zu verwerthen zu einer neuen Theorie der Urämie, aufgebaut auf die von mir entwickelten mechanischen Verhältnisse der Gehirncirculation. Gerade die oben angeführten Versuche von Fleischer liefern hiezu den passenden Anhaltspunct.

Es kann keinem Zweifel unterliegen, dass in den Experimenten Fleischer's durch locale Vergiftung der Gehirnsubstanz mit Urinstoffen arterielle Anämie des Organs erzielt wurde, und zwar auf alle Fälle bedingt durch spastische Verengerung der Arterien, denn die Herzkraft war bei diesen Versuchen nicht geschädigt, überhaupt die arterielle Anämie eine beschränkte, keine allgemeine. Mit Fug und Recht kann man wohl den Schluss ziehen und ich selbst ziehe ihn auch, dass auch am unverletzten, am kranken Organismus dasselbe bei Ueberladung des Blutes mit Urinstoffen geschehen müsse, was im Experiment das Trepanloch direct zu beobachten gestattete, nämlich Verengerung der Arterien durch vermehrten Tonus der Gefässwand. Nur wird beim urämischen Menschen dem Gehirn und seinen Gefässen die Noxe durchs Blut selbst, nicht von aussen zugetragen. Ausserdem, und das ist von Wichtigkeit, erfährt, wie die klinische Erfahrung lehrt, das Gefässsystem des ganzen Körpers, nicht nur, wie in Fleischer's Versuchen das des Kopfs, einen Zuwachs von Spannung.

Ich gebe also vollkommen zu, dass sich die von Fleischer gelieferten Beobachtungsresultate wohl ohne Weiteres auf den unverletzten menschlichen Organismus übertragen lassen, so weit es sich dabei um Auftreten vermehrter Gefässspannung handelt. Dass eine solche eo ipso eine „Anaemia cerebri" hervorrufen müsse, war bis vor Kurzem so selbstverständlich, dass Fleischer sich vollständig für berechtigt erachten konnte, eine solche anzunehmen und auf sie eventuell die urämischen Symptome zurückzuführen. Dabei ist nicht zu vergessen, dass die directe Beobachtung des blossgelegten Hirnabschnitts mit Evidenz ein Erblassen desselben, eine Anämie ergab. Nach den von mir entwickelten Grundzügen der Mechanik der Blutbewegung im Gehirn folgt aber mit Sicherheit, dass die am trepanirten Schädel beobachtete Anämie in der geschlossenen Schädelhöhle jedenfalls nicht Platz greifen kann, ja dass sogar der entgegengesetzte Zustand einer Hyperdiämorrhysis cerebri eintreten muss.

Wird am trepanirten Schädel das Gefässsystem durch irgend eine Noxe, z. B. durch vergiftend wirkende Urinstoffe, zur Contraction gebracht, so kann und muss freilich ein Erblassen des Gehirns und, wie man hinzufügen kann, auch Adiämorrhysis cerebri entstehen; denn der vermehrte Tonus der Arterien bringt die Arterien zur Verengerung und vermindert dadurch die Stromgeschwindigkeit des Blutes. Der leere Raum, der durch die spastische Verengerung der Arterien, durch die Blutleere in diesem Fall geschaffen wird, wird einfach ausgefüllt durch die von Aussen nachdringende Luft, ohne dass die Capillaren Veranlassung hätten, sich irgendwie zu ändern.

Ganz anders liegen aber die Verhältnisse im allseitig geschlossenen Schädel. Weiter oben habe ich entwickelt, dass vermehrte Gefässspannung ceteris paribus nicht zu Anaemia cerebri, sondern zu Hyperdiämorrhysis cerebri führen muss. Denn sobald die Gefässspannung zunimmt, sinkt der intracranielle Druck, mithin erweitern sich die Capillaren und die mechanischen Verhältnisse für die Durchfluthung des Gehirns werden dadurch bessere. So muss sich also die Sache gestalten, wenn z. B. bei einem nierenkranken Menschen die Urinstoffe im Blut sich in dem Maasse anhäufen, dass die Vasoconstrictoren der Gehirnarterien in Thätigkeit versetzt werden. Kein Zweifel kann obwalten, dass man dabei Anaemia cerebri beobachten könnte, würde man, wie am vile corpus, ein Trepanloch anlegen und dadurch die Schädelhöhle zu einer offenen

machen. So lange letztere aber geschlossen ist, muss Hyperdiämorrhysis cerebri bestehen.

Es kann also nicht schlechte Blutversorgung des Gehirns,
nicht Mangel an Sauerstoff sein, was den Kopfschmerz, die
Convulsionen, das Coma der Urämischen hervorruft. Es wirft
sich vielmehr die Frage auf, ob gesteigerte Blutdurchströmung
des Gehirns eventuell den Symptomencomplex bedingen kann.
Beim Gesunden bewirkt, so viel bis jetzt die Erfahrung gelehrt
hat, Hyperdiämorrhysis cerebri keinerlei pathologische Erscheinungen. Anders liegen dagegen vielleicht die Verhältnisse
beim Urämischen. Bei diesem ist das Blut vergiftet, überladen
mit den schädlichen Producten des Stoffwechsels. Der Gedanke
liegt nahe, dass die nervösen Centralorgane ihren deletären Ein-
flüssen um so eher erliegen müssen, je mehr von den giftigen
Bestandtheilen des Blutes ihnen in der Zeiteinheit zugetragen
werden, je bedeutender also unter solchen Verhältnissen die
Hyperdiämorrhysis cerebri ausfallen würde. Von diesem Ge-
sichtspunct aus könnte es ganz plausibel erscheinen, dass die
beobachtete spastische Verengerung der Gehirngefässe von mäch-
tigem, begünstigendem Einfluss auf die Vergiftung des Gehirns
sich erweist, und dass jede therapeutische Maassregel berechtigt
und vernünftig ist, welche diesen Spasmus der Gefässe hebt
oder vermindert. So einfach liegen aber die Verhältnisse nicht.
Das Gehirn ist keine todte Masse, sondern seine Substanz ist
wie die der andern Organe einem stetigen Stoffwechsel unter-
worfen, der sich ohne Zweifel nicht nur auf die Verbrennung
stickstoffloser Substanz, auf die Aufnahme von Sauerstoff und
Abgabe von Kohlensäure beschränkt. Es werden vielmehr bei
der Lebensthätigkeit der Gehirnzellen, das kann man wohl ohne
einem Widerspruch zu begegnen, wenn auch der directe Beweis
dafür noch nicht erbracht ist, behaupten, auch eiweissartige
Körper wie überall sonst im Organismus zersetzt. Die Pro-
ducte dieser Körper müssen nothwendig auf dem Wege des

Blutstroms fortgeschafft werden. Je mehr das Blut aber, wie
bei der Urämie, bereits mit solchen Endproducten des Stoffwechsels überladen ist, bevor es durch die Arterien in das Gehirn eintritt, desto weniger vermag es davon in letzterem noch
weiter aufzunehmen. Um diesem Missstande bei urämischer
Beschaffenheit des Blutes abzuhelfen, müsste offenbar entsprechend mehr Blut in der Zeiteinheit die Gehirncapillaren
durchströmen. Diese ausgleichende Hyperdiämorrhysis cerebri
vermöchte nur dann gar keinen nützlichen Effect auszulösen,
wenn das Blut mit Urinstoffen bereits gesättigt wäre. Solche
Sättigung tritt aber thatsächlich in vivo niemals ein. Auch
der Urin ist gleich dem Blut wesentlich eine wässerige Lösung
und man weiss, dass im Urin ganz ohne Vergleich mehr Harnstoffe u. s. w. gelöst werden können und effectiv gelöst sind
als im Blut, worin beispielsweise der Nachweis des Haupt-
repräsentanten der Urinstoffe, des Harnstoffs, wegen seiner geringen Menge erheblichen Schwierigkeiten begegnet. Es liegen
also in Wahrheit die Sachen so, dass während des urämischen
Anfalls es für das Gehirn immer noch besser ist, wenn grosse
Mengen des, wenngleich giftigen, Blutes durchströmen, damit
nur nicht eine noch schnellere und intensivere Vergiftung der
Gehirnsubstanz durch die in loco gebildeten Stoffwechselpro-
ducte stattfindet.

Weit entfernt also, mit Fleischer und Andern in der eintretenden „Anaemia cerebri", bedingt durch Contraction der
Gehirngefässe, das schädliche Moment zu erblicken, das den
Symptomencomplex der Urämie hervorruft, sehe ich vielmehr
darin eine wichtige Schutzmaassregel des Organismus, um
der drohenden Selbstvergiftung des Gehirns entgegenzuwirken.
Freilich vermag diese heilsame Reaction der eintretenden Schädlichkeit ebensowenig immer mit Erfolg zu begegnen, wie auch
auf andern Gebieten die intentio naturae sanandi immer den
Sieg davon trägt; von der entwickelten Anschauung, die ich

nach Allem, was Ueberlegung und Beachtung der vorliegenden Thatsachen ergibt, für richtig halten muss, werden uns
aber leitende Gesichtspuncte gegeben, wonach unser therapeu-
tisches Handeln ein klares Ziel zu verfolgen hat. Die heilsame
Reaction des Organismus, eine Hyperdiämorrhysis cerebri herbeizuführen, muss unter allen Umständen begünstigt werden,
besonders sind alle Mittel, welche dagegen wirken, vom Uebel.
In der That hat auch längst der Erfolg der Therapie in diesem
Sinne entschieden. Ein Jeder legt beim urämischen Anfall
einen Eisbeutel auf den Kopf des Kranken und von der nach
früheren Anschauungen auf die vortrefflichen Arbeiten von
Fleischer hin eigentlich geforderten Anwendung des Amylnitrits
(natürlich mit Ausschluss der Kälte) hat gar nichts mehr ver-
lautet. Man darf wohl annehmen, dass eine anscheinend so
rationelle und leicht anzuwendende Procedur wie das Ein-
athmen dieses Mittels unter dem Hochdruck der Fleischer'schen
Entdeckungen schon öfters versucht wurde und dass nur einigermassen günstige Resultate gewiss nicht verschwiegen worden
wären. Es mag daran erinnert werden, dass vor einigen
Jahren von anderer Seite ein dem Amylnitrit ähnlich wir-
kendes Mittel, auch ein Nitrokörper, das Nitroglycerin, von
anderen Gesichtspuncten aus empfohlen und in die Therapie
der Urämie eingeführt wurde. Auch von diesem Mittel ist's
wieder still geworden. Dabei ist freilich darauf hinzuweisen,
dass beide Arzneistoffe, das Amylnitrit und das Nitroglycerin,
nicht nur die Gefässe des Gehirns, sondern die des ganzen
Körpers gleichmässig erweitern, dadurch den Blutdruck herabsetzen und somit die Ausscheidung der schädlichen Bestandtheile
des Blutes durch die Nieren geradezu verhindern. Im Gegen-
satz hiezu wirkt ja gerade die Digitalis, welche besonders von
Leube zur Bekämpfung des urämischen Anfalls mit Recht empfohlen wird, wie ich mich oft überzeugt habe, günstig durch
erhöhten Blutdruck und gesteigerte Diurese. Die von manchen

Autoren angenommene spastische Verengerung der Gefässe, welche durch die Digitalis bewirkt werden soll, kann in unserem Sinne ebenfalls, wie wir gleich sehen werden, nur günstig wirken. Von meinem Standpunct aus möchte ich, um das Heilbestreben der Natur zu begünstigen und direct auf das Gehirn einzuwirken, geradezu der Anwendung des Secale cornutum, respective des Ergotin bei der Urämie das Wort reden. Freilich stehen mir bei der Neuheit meiner Auffassung noch keine stützenden Beobachtungen zur Seite, doch möchte ich darauf aufmerksam machen, dass Secale cornutum und seine Präparate von den Klinikern schon oft bei drohender oder bestehender Urämie gegeben wurden (um eine acute hämorrhagische Nephritis zu beeinflussen), ohne dass dabei von irgend welchem Nachtheil für den Kranken etwas beobachtet worden wäre. Ich selbst habe schon öfters unter solchen Verhältnissen das Mutterkorn, respective sein Extract in der Maximaldose gegeben.

Alle diese Fälle von hämorrhagischer Nephritis sind zufällig genesen; ob dabei das Ergotin die urämischen Symptome günstig beeinflusst hat, kann ich nicht sagen, weil ich damals nicht speciell darauf achtete und auch noch daneben andere Mittel angewendet wurden; geschadet hat es aber jedenfalls nicht, das beweist der günstige Ausgang, rasch und auffallend hätte es aber schaden müssen, wenn unsere bisherigen Anschauungen richtig und mein Ideengang ein falscher wäre. So darf man doch vielleicht in Zukunft es wagen, ein Mittel anzuwenden, das nach den bisherigen Ansichten direct contraindicirt ist, es anzuwenden bei Zuständen, in welchen wie nirgendwo anders der Satz seine Gültigkeit hat: Experimentum periculosum, judicium difficile.